美しい科学の世界
ビジュアル科学図鑑

写真・文
伊知地国夫

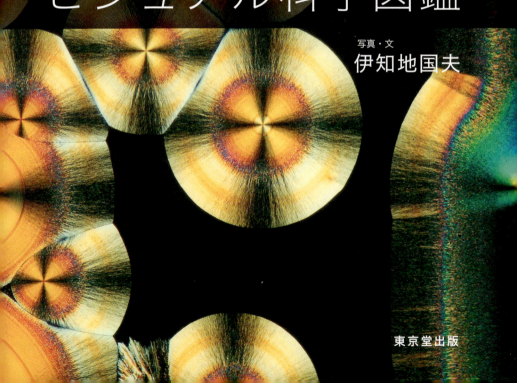

東京堂出版

はじめに

　いつも見慣れている身の回りの日用品や生き物なども、見方を変えると、全く違った一面を見せてくれます。

　顕微鏡でのぞいて拡大してみたり、現象を瞬間で切り取ったりすると、そこには不思議で美しい世界が広がっています。

　この本は、科学の目線で、そうした物や現象が見せてくれる瞬間や表情を集めた一冊です。

　この本が、日常の世界のさまざまな見方や科学の楽しさを感じるきっかけになれば幸いです。

伊知地国夫

美しい科学の世界
ビジュアル科学図鑑

CONTENTS

はじめに————————————————005

1 かたち

毛管現象————————————————012

赤インクの結晶————————————014

過飽和水溶液————————————————016

冷凍庫の霜————————————————018

ドライアイス————————————————020

集積回路————————————————022

放物運動————————————————024

ペンジュラム————————————————026

記録された音————————————————028

水面上の水滴————————————————030

モアレ————————————————032

2 瞬間

煙	036
ミルクの形	038
割れる瞬間	040
散水ノズル	042
シャワー	044
丸い炎	046
火花	048
水の形	050
蛇口の水滴	052
跳ねる水	054
ガスバーナー	056

3 生命

鱗粉模様	060
おしべと花粉	062
葉脈	064
白カビ	066
昆虫の複眼	068
ミドリムシ	070

変形菌	072
葉緑体	074
ウミホタル	076
皆既月食	078
皆既日食	080

4 光

発光バクテリア	084
薄氷の色	086
液晶モニター	088
リーフ写真	090
色のついた影	092
シャボン玉	094
スペクトル	096

5 身近なもの

紙やすりの宝石	100
プラスチックの虹色	102
発泡スチロール	104
ストッキング	106
養生テープ	108
集まる色素	110
セッケン膜	112
でんぷん	114
CDの虹	116
ビタミンC	118
あとがき	120
カテゴリー別索引	122

＊キャプションに記載した倍率は撮影時の倍率です。

かたち

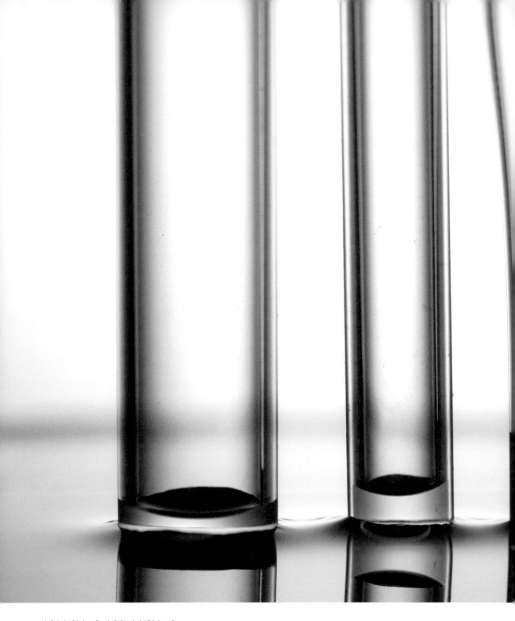

　毛管現象(もうかんげんしょう)（毛細管現象(もうさいかんげんしょう)）は、液体が細い隙間を自然に上がっていく現象だ。直径の異なるガラス管を並べ、管の端を水面に立てると瞬時に水が上がり、見ていてもとても面白い。管が細いほどよく上がり、その力は水の表面張力と水とガラスが引き合う力の合力で生まれる。マーカーなどの芯や万年筆のペン先も、インクを送る機構に毛管現象を利用している。タオルなどの繊維に水がしみ込んでいくのも毛管現象だ。

毛管現象

写真のように毛管現象が目に付く機会は少ないけれど、自然界のあらゆるところに隙間があり、水などの液体の挙動にとても大きな影響を与えている現象であると思う。

ガラス管の毛管現象
ガラス管の液面部の外径：左端は約9mm、右端は約0.7mm。一眼レフデジタルカメラ、100mmマクロ。

赤インクの結晶

　万年筆用の赤インクを顕微鏡用のスライドガラスの上に少したらし、その上からカバーガラスをかけて放置すると、水分などがカバーガラスのふちから少しずつ蒸発し、やがて成分の結晶があらわれてくる。顕微鏡で拡大すると、赤い色素と他の成分が写真のように分離して結晶化し、思いもかけない結晶模様があらわれた。この写真はそれを撮影したものだ。結晶化の速さを変えると結晶の大きさも変化し、同じ成分でも全く異なった模様があらわれる。

　また、カバーガラスをかけずにインクを広くのばし、温めて結晶化を早めるとこんどは微細な結晶の粒になり、これも全く違った模様になる。身の回りの水溶液をいろいろな速さで結晶化させてみると、思いもかけない結晶の模様が見えるかもしれない。

赤インクの結晶
顕微鏡、一眼レフカメラボディー、倍率50倍、暗視野照明。

　水を少し温め、硫酸ナトリウムを溶けるだけ溶かして飽和水溶液をつくり、静かな状態で温度を下げて過飽和の状態にした。この状態で振動を与えたり小さな結晶を落とすと、瞬時に結晶化が始まり、あっという間に水溶液全体が結晶化する。写真は、過飽和状態にした水溶液の水面に米粒大の結晶を落とし、結晶化が進んでいくところを撮影した。わずか20秒ほどで容器全体に結晶が広がっていった。
　ふつう、飽和状態から水温を下げていくと、溶けきれなくなった成分が結

過飽和水溶液

晶の粒になってあらわれる。ところが、硫酸ナトリウムの水溶液は、温度を下げても結晶があらわれずに過飽和とよばれる状態になりやすい。結晶を落としてから、生き物のように急速に白い結晶模様が広がっていくようすは、何度見ても面白いものだ。

過飽和水溶液からの結晶
約40℃のお湯に溶かして飽和水溶液をつくり、温度を約15℃まで下げてから結晶化。

冷凍庫の霜

　冷凍庫に、細い糸を口の部分に張った容器を入れ、容器の底にお湯を少し入れた。容器内の水蒸気は冷えた糸に触れて、樹枝状の霜に成長した。冷凍庫内の霜は、ふつうは取り除く対象だけれど、その形をよく観察すると、水蒸気が昇華して物の表面で氷の結晶として成長する形がよくわかる。このような現象は上空でも起こり、空気中のちりなどを核に、水蒸気量と温度の条件で決まる、さまざまな形の氷の結晶ができる。

　霜は息などがかかるとすぐに溶け始めて形を変えてしまうので、冷凍庫を開ける前に撮影の準備をし、開けてから短時間で撮影をする。少し拡大して撮影すると、ただ白く見える霜の塊に、自然がつくる造形が隠されていることに驚かされる。

霜
容器を入れた冷凍庫を引き出し、外に取り出さずに撮影。一眼レフデジタルカメラ、100mmマクロ、ストロボ使用。

ドライアイス

　ドライアイスを水の中に入れて泡を立てるのは面白い。透明な容器に入れて見ていると、泡はとてもきれいな白色をしている。水面に出ると泡がはじけ、そのときに白い煙が出て渦輪をつくることもある。ドライアイスは二酸化炭素の固体で、ふつうの状態では液体を経ずに昇華して気体になる。身の回りにある物体では最も温度が低く約－79℃だ。例えば、20℃の水とは100℃近く差があるから、水中でドライアイスの表面に直接水が触れると、激しく二酸化炭素の泡を出す。油や無水アルコールの中にドライアイスを入れると透明な泡が出るから、泡の白さはまわりを取り囲む水分が変化したものであることがわかる。空気中では、全部が気体になるまで少し時間がかかるから、その間低温を維持できる。この性質を使って、簡易的な人工雪の観察装置や放射線の飛跡を観察する小型の「霧箱」などの冷却部分にもよく使われている。

ドライアイスの泡
アクリル水槽の水の中にドライアイスを入れる。一眼レフデジタルカメラ、
100mmマクロ、ストロボを横から発光。

集積回路

　パソコンやスマートホンなどの電子器機を動かしている回路がIC(集積回路)だ。ICは1つのチップに複数個の回路を組み込んだもので、初めはわずか数個の回路を集めたものだった。ところが、現在は億単位の回路を手に乗るほどの小さなチップに組み込むことができるようになった。

　写真は4×6mmのICの一部を顕微鏡で拡大したもので、チップ内 の1×1.4mmほどが写っている。ICの中には、データの記録・取り出し、プログラムによるデータ演算、外部への出力など、機能によって領域をわけた回路がつくられている。このような微細な回路はシリコン基板の上に、半導体層、絶縁層、金属層などが何重にも積み重なってできている。薄膜を重ねながら回路をつくる高度な製造技術だ。整然と並んだ素子と配線のパターンは、工芸品的な美しさを感じる。

集積回路(EPROM型)
顕微鏡、一眼レフデジタルカメラボディー、倍率25倍、落射照明。

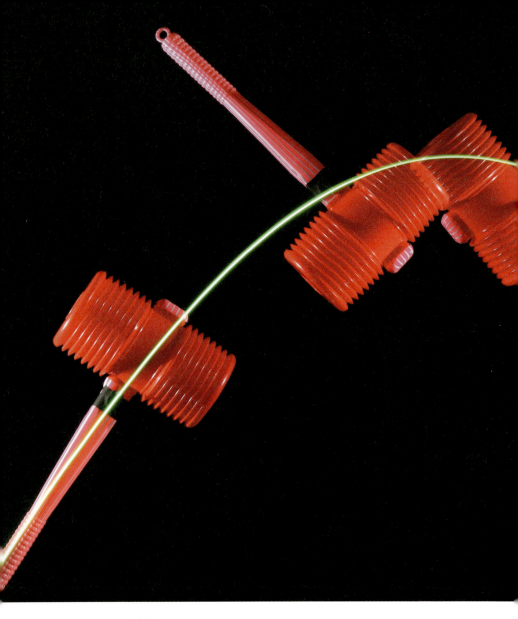

　プラスチックの金槌(かなづち)の重心に、発光ダイオードとコイン電池を取りつけて発光させる。柄を持って、金槌が回りながら弧を描くように放り投げ、光の動きと金槌全体の動きを、同時に1枚の写真として撮影した。暗い部屋でカメラのシャッターを開けたままで金槌を投げると、重心の位置を示す光の動きが軌跡となって写る。同時にストロボの光を0.1秒間隔で発光させ、金槌全体の動きも0.1秒ごとに同じ写真の中に写るようにした。金槌は回りながら動

放物運動

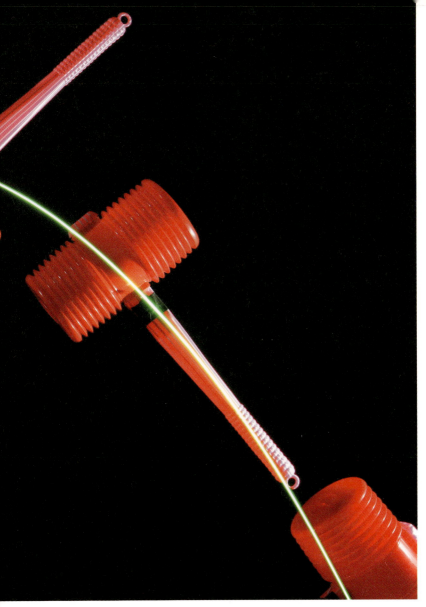

くので、光は複雑な動きをしそうだが、実際はなめらかな放物運動を描いていることがわかる。放り投げられた金槌は重心を中心に回転しながら動いていた。

重心の放物運動の軌跡
一眼レフデジタルカメラ、60mm（24〜105mmズーム）、シャッタースピード2秒。同時にストロボを0.1秒間隔で発光。

ペンジュラム

　懐中電灯の反射鏡を取り、豆電球を露出させて天井から糸で吊り下げ、その真下にカメラを上向きにして三脚に取りつける。部屋を暗くしてシャッターを開けたまま、懐中電灯を円を描くように揺らすと、その軌跡が明るい線となって写る。空気の抵抗や糸のねじれなどで、大きく揺れていた楕円の形は、その向きを少しずつ変えながら次第に小さくなっていく。適当な回数を回転したところでシャッターを閉じると、懐中電灯の揺れた軌跡が1枚の写真に記録される。ペンジュラムとは、点光源を振り子でゆらし、その軌跡を写した写真のことだ。その軌跡は、まるでコンピューターグラフィクスで描いたような図形だ。肉眼では、ただ揺れながら回っているだけに見えても、自然の法則にしたがった規則的な動きであることがわかる。

懐中電灯のペンジュラム
一眼レフ中版フィルムカメラ、55mm、シャッタースピード：バルブ。
軌跡の色は緑と赤のセロハン紙をレンズの前に装着し、途中で交換（線が途切れている部分）。

記録された音

　音の記録を実用化したエジソンの蓄音器の発明から約140年が経ち、現在は音のデータをCDやメモリー媒体の中に保存することがほとんどだ。写真は、そのような音が今までどのように記録されていたかを写したもので、下からエジソンの円筒管、LPレコード、CDだ。円筒管は音の振動を溝の深さ方向に記録する。再生時には、溝に沿って上下する針が直接振動板を動かし、ホーンを通して音を大きくする。LPレコードは振動を横方向に記録し、再生時には針の振動を電気信号に変えて増幅し、スピーカーを鳴らす。ここまでは、音の振動が目で見える形で記録されているが、CDでは、音の信号をデジタル化された数値にして、ピットとよばれる凹凸の形状の並び方でその数値を記録する。拡大しても、音の振動が見えるわけではなくなった。最近、レコードの売り上げが伸びているという。音の波が見える溝を、針でなぞって音が出るという音の実在感が、聴く人を増やしているのかもしれない。

CD・レコード・円筒管の拡大写真
CDとレコードは顕微鏡撮影（倍率：CD500倍、レコード13倍）。
円筒管はマクロ撮影、約3.5倍。

　容器に水を入れ、5mmほどの高さからスポイトで水をたらす。何滴かたらしていると、ときどき水滴が水面に乗ることがある。ころころと水面を走ることもあり、面白い現象だ。日常でも時折見かける現象だけれど、水面に乗った水滴をずっと見ていると、さらに面白いことが起こる。
　水滴はしばらくすると、すっと水面に引き込まれたと思うと、一回り小さい水滴になって何回か跳ねて水面に乗り、また同じことが起こって、さらに

水面上の水滴

小さな水滴になる。水滴が水面で跳ねるときは、まるでトランポリンの上のようだ。いつも見なれている水面の上で、まだ見たこともない面白い現象が見つかるかもしれない。

水面上の水滴のようす
一眼レフデジタルカメラ、100mmマクロ、ストロボ使用。

モアレ

　金属の板に小さな穴が規則的に並んでいるものを2枚用意し角度をずらして重ねた。すると元の板にはない模様があらわれた。模様の形は板を重ねる角度にとても敏感で、少し角度が変わると模様が大きく変化する。このような仕組みで生まれる模様はモアレ縞とよばれている。すだれやカーテンが重なったときにモアレ縞ができていることに気づくことがある。

　また、デジタルカメラやスマートホンでテレビ画面を写すと、縞模様が写ることがある。規則正しく並んだテレビの画素とカメラのセンサーの画素が重なってできるモアレ縞だ。モアレ縞ができる原理は計測器にも応用されており、物体表面の凹凸を等高線状に表す技術（モアレトポグラフィー）もある。日常生活の中でできるモアレ縞を見つけるのも面白い。

穴のあいた金属板であらわれたモアレ縞
直径約3mmの穴が規則的にあいているアルミ板（10cm×20cm、0.4mm厚）を重ねた。
ライトボックス上で撮影。

瞬間

煙の動きは面白い。まっすぐに立ち上ったと思うと、ふっと揺らいで形を変え、綺麗な渦の形があらわれても、一瞬で消えてしまう。煙の形は一体どうなっているのだろうか。そこで、蚊取り線香の煙の渦を撮影してみた。空気の流れのない部屋で蚊取り線香をつけ、静かにしていると煙はまっすぐに立ち上る。しばらくすると、まわりの空気などのわずかな揺らぎがきっかけとなって渦が生まれ、振動しながら成長し、また元の状態に戻っていく。その動きは速く、ストロボを発光させて瞬間的な形を撮影すると思いもよらぬ形が写っていた。
　渦は液体や気体の流れがあるところでいつも生まれ、その大きさは地球規模から目に見えない小さいものなどさまざまだ。台風の渦、投げたボールの後ろにできる渦、フルートのような楽器の吹き口にできる渦など、いろいろな場所にでき、その動きがさまざまな現象を生み出している。蚊取り線香の煙を見ていると、流体がつくる渦の形の不思議さを感じる。

蚊取り線香の煙
一眼レフデジタルカメラ、50mmマクロ。ストロボを斜め後ろから発光。

ミルクの形

　ミルククラウン（写真上）は、科学写真の分野では定番ともいえる代表的なものだ。目に見えない現象を写し撮るという科学写真の醍醐味に加え、その形の不思議さが印象に残りやすいためと思う。ミルククラウンは、平らな板にうっすらとたまったミルクの層に液滴を落とすとできやすい。わずか1 /100秒ほどの出来事で肉眼では確認できないため、写った写真を見たときの驚きは大きい。

　また、容器の中にミルクをため、液滴の落し方に工夫をして撮影すると、別の形をした不思議な写真がとれる（写真下）。いったんミルクの中に落ちた液滴は窪みをつくり、それが戻るときにこけしのように立ち上がる。このとき、立ち上がったミルクの柱の先に、次に落ちてきたミルクがぶつかると、それが広がってランプシェードのような形になる。他の液体を使っても同じような現象は起きるけれど、ミルクは白い色と程よい粘性を持ち、流体のふるまいを見るにはとてもよい素材だ。

ミルククラウン（上）とミルクのランプシェード（下）
一眼レフデジタルカメラ、100mmマクロ、赤外線センサー、遅延回路、ストロボ使用。

割れる瞬間

　カップなどを落として割れたとき、目にするのは割れた後の飛び散った破片だ。結構広い範囲まで飛び散っていることに驚くことがある。遠くまで飛び散る原因は、割れる瞬間を見てみるとよくわかる。割れるとき、カップは崩れるようにその場にとどまるのではなく、ひびが入った状態で跳ね上がり、その勢いで破片が飛んでいくからだ。特に小さな破片は、飛び上がる高さも高く、角度によっては思いもかけないところまで飛んでいることもある。

　物が落ちて割れたり、液体をこぼしたりするような日常的によく見る現象でも、動きが速いとその結果だけしか見えないことが多い。その過程を写真で撮ってみると、意外な現象が起きていることに驚かされる。

カップの割れた瞬間
割れた音をマイクでとらえ、その音でストロボを発光、遅延回路使用。
一眼レフデジタルカメラ、82mm（24〜105mmズーム）。

　散水ノズルから勢いよく水を出し、糸のように細い水の流れを見ていると、ノズルから数cmほどのところを境に、水流の見え方が変化していた。光の当てる角度を変えながら観察すると、水が出た直後は水流に光沢があり、あるところから光沢がなくなる。そこからは光が乱反射をしているようだ。そこで、水流のようすが変わる部分の瞬間的な形を撮影してみると、そこは写真のように水流が水滴に分かれるところだった。このような変化は、ジョウ

散水ノズル

口から出る水やシャワーなどの細い水流だけではなく、ホースから出る太い水流でも起こっている。

散水ノズルの水流のようす
ピストル型の散水ノズル。一眼レフデジタルカメラ、100mmマクロ、ストロボ使用。

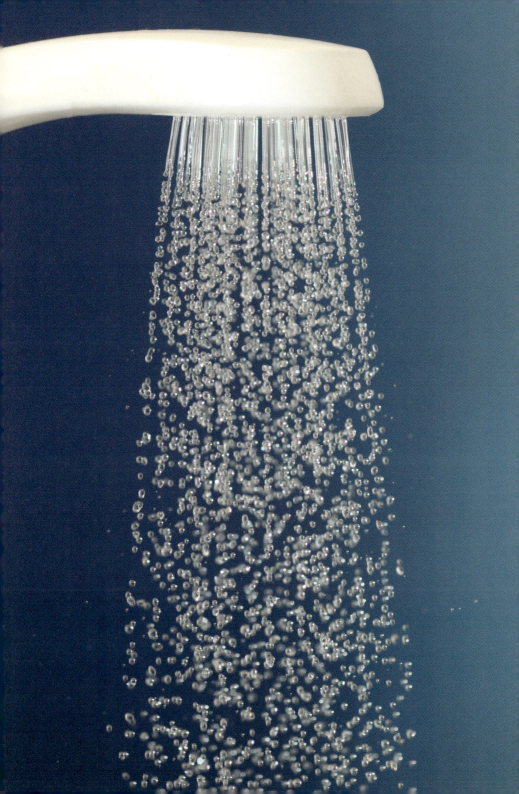

シャワー

シャワーの水流を見ていると、細い水の流れがつながっているように見える。ところが、瞬間写真を撮ってみると、ノズルから出てすぐに、水流は小さな水滴になっていることがわかる。穴から出た直後は、水圧で押し出されて水流はつながっているけれど、自然に落下するようになると、水の表面張力で丸くなり、水滴に分かれて落ちていく。このような状態は、水が落下をするときに共通して起こる。落下中は無重力状態と同じになるため、つながっていた水も自然にくびれができてちぎれ、水滴になっていく。目で見ているとつながって見えるのは、速く動く水滴が残像のために1本のすじとして見えるためだ。雨も強く降るようになると線のように見えることがあるけれど、落ちているのは一つ一つに分かれた水滴だ。

シャワーの水滴
一眼レフデジタルカメラ、100mmマクロ、ストロボ使用。

丸い炎

　私たちは地球の重力の中で生活しているから、重力による現象を意識しないことが多い。例えば炎はふつう先が尖った形をしているけれど、この形は重力があってのものだ。重力のないところでは、炎は写真のように丸くなってしまう。

　この写真はロウソクを入れる容器とカメラを一体化して落下させる装置をつくり、落下中の炎を撮影したものだ。落下中は重力が見かけ上なくなる無重力状態になり、燃えて熱くなった気体が上昇せずにロウソクのまわりに留まり、炎が丸くなってしまう。何気なく見ている炎の形は、重力があることで生ずる形だ。このような実験は国際宇宙ステーションの中でも行われていて、丸くなった青い炎の写真が公開されている。新しい空気が対流によって供給されず、重力のあるところのように燃え続けることが難しくなる。物が燃える3条件「燃える物があること」「発火点以上であること」「新しい空気があること」に「重力があること」を加えることも、宇宙ステーションが飛んでいる現代には必要かもしれない。

無重力状態での丸い炎
一眼レフタイプのデジタル高速連写カメラ。約2mを落下中に撮影。

　発火石をこすって着火するライターの火花を撮影すると、そこには思わぬ火花の形が写っていた。火花は、燃焼性の金属が含まれる発火石を、やすり状の回転部でこすることで生じる。摩擦熱で発火した高温の小さな粒が勢いよく飛び出すが、ただ燃焼しながら飛んでいくのではなく、ぐるぐるとねじれたり、途中で激しく燃えてそこから四方に火花を出したりと、さまざまだ。シャッターを2秒ほど開けて火花を撮影しているので、燃焼している粒の発

火から消えるまでの時間経過が、1枚の写真の中に記録されている。一つ一つの燃焼の経過がさまざまで、一瞬で消えてしまう火花の中に、多様な状態があることに驚かされる。

ライター着火時の火花
一眼レフデジタルカメラ、50mmマクロ、シャッタースピード2秒。

水の形

　水を入れた風船を吊り下げ、ストローの先につけた針で風船を割った。風船のゴム膜は瞬時に縮まり、風船の形をした水の塊が一瞬あらわれた。まわりに飛び散っている細かい水滴は、ゴム膜が縮むときに水の表面をこすったことで生じたものだ。この後、水の塊は落下を始める。水は空中に放り出されて落下が始まると、表面張力で丸くなろうとするけれど、ゴム膜がやぶれたときの衝撃が残り、形が変わりながら落下していく。このような状態を撮るために、ストロボの瞬間的な光を割れるタイミングに合わせて発光して撮影した。ゴム膜の動きはとても速いけれど、水の塊はそれほど速くないので、コンパクトデジカメに連写機能がついていれば、その機能を使うと、特別の装置がなくても撮影できる。水の形が変わっていくようすをいろいろと撮影してみると面白い。

水を入れた風船の破裂
一眼レフデジタルカメラ、100mmマクロ、音センサー、遅延回路、ストロボ使用。

蛇口の水滴

　水が蛇口からゆっくりたれるとき、どのような形で落ちていくのだろうか。そのようすを高速度カメラで撮影した。それぞれの写真間隔は1000分の15秒だ。蛇口からたれる水滴は、雫の形になったあと、水滴となって落下し、上下と横方向の振動を交互に繰り返しながら、次第に表面張力で丸くなっていく。

　一方、蛇口から下がっていた水は蛇口の先に縮みながら戻り、たくさんのくびれができて、小さな水滴に分かれてしまうこともある。目で見ていると、1つの水滴が落ちていくようにしか見えないけれど、そのわずかな時間の中で、水の粘性と表面張力によって生ずる、不思議な形の変化が起きている。

蛇口から水滴が落ちるようす
高速度カメラ。秒10000コマで撮影した中から、15/1000秒間隔で並べた。

跳ねる水

　水道の蛇口からの水をスプーンに当てると、水はスプーンのカーブにそって跳ねて飛び出し、まわりに水の膜ができる。広がるにつれて膜は薄くなり、水はふちから表面張力で水滴に分かれていく。
　シャワーのノズルから出る水流が水滴に分かれるときは、細い水流の先近くからくびれ始め、水滴になっていくけれど、薄く広がった水の膜も周辺部分にくびれができ、水滴に分かれていく。ペットボトルを蛇口の下に置いて、

水道の水流をふたに当てると、ペットボトル全体をとりまく水の膜ができることがあり、下の方で水滴に分かれていく。いろいろな物に水をはね返らせて、水の形の写真を撮るのも楽しい。

スプーンで跳ねる水
一眼レフデジタルカメラ、150mmマクロ、ストロボ使用。

　ガスバーナーは、学校の理科実験の加熱道具としてよく使われる。ガスの量と空気の量を、筒の元についた回転部を回して調節する。空気を入れずに点火すると炎は黄色く長くなり、空気を適度に入れると完全燃焼して青く先が尖った形になる。空気を入れない状態でガスの量だけを増やしていくと、炎は長くうねりながら伸び、やがて上下に振動を始める。

　カメラの高速連写機能でそのようすを写すと、不思議な炎の形が写っていた。燃焼して軽くなった気体は上昇するが、その速さは炎の中でも一様では

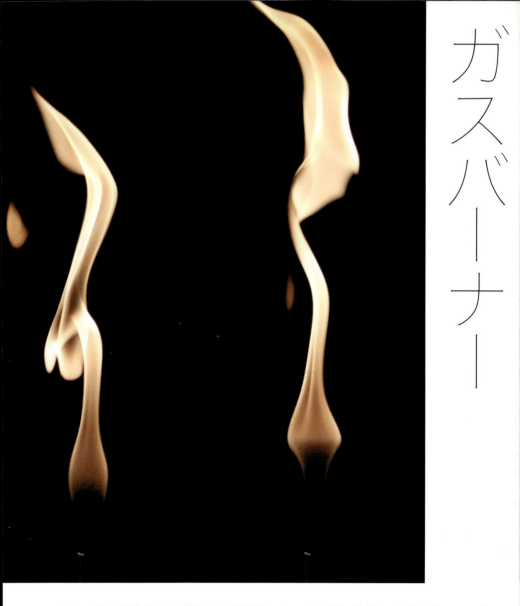

ガスバーナー

　なく、渦が発生したり滞留や分離が起こり、その形は複雑に変化し続ける。火の玉状のものは、炎から分離したものだ。
　炎が縦に振動しているときは、目ではわからないような構造があることが多い。瞬間的な形をとらえてみると、その形の不思議さに驚かされる。

ガスバーナーの燃焼のようす
一眼レフタイプのデジタル高速連写カメラ。

生命

鱗粉模様

　昆虫の中で、鱗翅類に属するチョウやガは文字通り羽に鱗粉がある。鱗粉を顕微鏡で観察すると、うちわのような形をしていて、鱗粉の下層の穴に固定されている。羽にはさまざまな模様があるけれど、この模様の描き方は点描画のようだ。写真はアゲハの後翅の模様で、場所によって鱗粉の色が違っていて、全体として1つの紋様になる。

　鱗粉自体の微細な構造のため、見る角度によって色彩が変わる羽もある。チョウの羽は手に乗るほどの大きさだけれど、その中に、鱗粉の多様な色とその配置によって、さまざまな模様をつくる。一体だれがデザインをしているのだろうか。

鱗粉（キアゲハ）
キアゲハの後翅の鱗粉。一眼レフデジタルカメラ、65mmマクロ、ストロボ使用。

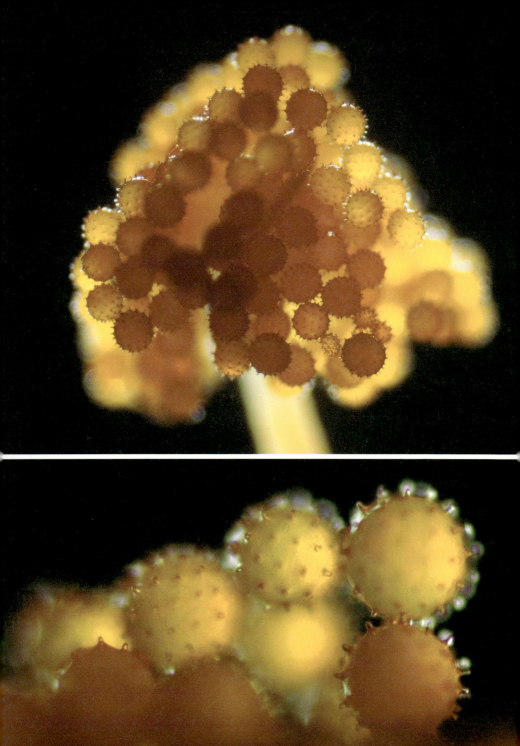

おしべと花粉

　ハイビスカスのおしべの葯をピンセットで取り、そのまま顕微鏡のスライドガラスの上に乗せた。照明の光が直接レンズに入らないような暗視野照明という手法で光を当てると、表面にたくさんの突起がある花粉がびっしりとついていた。突起は鳥などの体について運ばれる仕組みだ。昆虫や鳥などに花粉を運んでもらう植物は、花粉がつきやすいようないろいろな工夫がある。一方、風で運ばれ、花粉症の原因となるスギなどの花粉の表面は、物について運ばれる構造がないが、広く拡散するために、小さく・軽く・大量につくられる。

　ハイビスカスの花粉はとても大きく約170ミクロンで、顕微鏡の低倍率でも観察できる。顕微鏡の照明は、ふつう反射鏡を使って試料の下から当てるが、厚手で光を通しにくいものは、上から光を当てると観察しやすい。最近は小形のLEDライトがとても明るく、試料にも近づけやすい。照明に工夫をすると、見慣れていた試料も別の表情を見せてくれる。

ハイビスカスのおしべ（上）と花粉（下）
顕微鏡、一眼レフデジタルカメラボディー、暗視野照明。
上：倍率12.5倍　下：50倍

　ヒイラギモクセイの葉をアルカリ性の水溶液で煮て、葉肉をやわらかくし、歯ブラシなどで静かにたたいて、葉肉の部分を落とすと、網の目のような葉脈が残る。乾燥させると網目状の葉の標本ができあがり、葉脈標本などとよばれている。
　写真は、このような方法でつくった葉脈標本の葉の縁を撮影したものだ。葉脈には、水を通す管(道管)と葉でできた養分を通す管(師管)が通っている。この標本を作るときに、赤い色素を溶かした水を吸わせ道管を赤く染め、葉

葉脈

脈を取り出した後に全体を青く染めたため、道管の部分が赤茶色に、師管が青っぽく写っている。葉脈は、葉の形を保つための骨格の役割も担いながら、葉のすみずみまで水分などが行きわたるようにつながっている。自然の仕組みの巧みさに驚かされる。

ヒイラギモクセイの葉の葉脈
一眼レフデジタルカメラ、65mmマクロ、ストロボ使用。

　カビはパンやミカンなどに生えやすいけれど、飲み物を放置したときに、水面に生えることもある。写真はコーヒーに生えた白カビを拡大撮影したものだ。まるで林の木に花が咲いたようにも見える。先にある白い部分は胞子をつくるところ、木の枝のようなところがカビ本体の菌糸だ。食べ物にカビが生えると困るけれど、チーズや味噌のようにカビを利用した食品もいろいろ

白カビ

ある。また、アオカビから抗生物質のペニシリンがつくられるなど、有益な面も多い。普段はあまり観察することもないカビを虫メガネで拡大してみると、思いもかけない風景が見えるかもしれない。

コーヒーの水面に生えた白カビ
一眼レフデジタルカメラ、35mmマクロ、ベローズ、ストロボ使用。

昆虫の複眼

　昆虫の頭部には、一対の複眼がついている。複眼は個眼という小さな目の集まりだ。写真はアブの複眼を顕微鏡で拡大したもので、蜂の巣のように個眼が整然と並んでいる。個眼1つでは周りの像をきちんととらえることはできず、個眼が集まった複眼全体で認識しているといわれている。一体どのような像が見えているのだろうか。

　それにしても、昆虫の複眼が頭部に占める割合は、とても大きい。頭部がほとんど複眼だけでできているように見える種類もある。生存競争を生き抜くためには、それだけ目からの情報が重要だということだろうか。

複眼 (ヒメヒラタアブ)
顕微鏡。一眼レフデジタルカメラボディー、落射照明、倍率25倍。

ミドリムシ

　プランクトンには、ミジンコのように動き回って他の微生物を食べる仲間と、ミカヅキモのように葉緑体を持ち自分で養分をつくる仲間がいる。ふつう、プランクトンはこの2つの仲間のどちらかに属するけれど、ミドリムシは、名前の通り緑色で葉緑体を持ち、またムシとあるように鞭毛で動くことができる。植物と動物の性質をあわせ持ったプランクトンだ。顕微鏡の撮影で下から照明光を当てると、今までまばらに泳いでいたミドリムシが、次第に照明の光に誘われて集まり始め、密集してくる。写真は視野の中に集まってきたミドリムシを撮影した。赤く見えるところは眼点とよばれ、ここでは光を感じないけれど、すぐ近くに光を感じる細胞があり、光の来る方向を感知する。植物は光が当たらなければ枯れてしまうが、ミドリムシは自分で光を探して移動し光合成をするという、不思議な生き物だ。

集まってきたミドリムシ（ユーグレナ）
顕微鏡、一眼レフカメラボディー、ラインベルグ照明（背景の青）、倍率100倍。

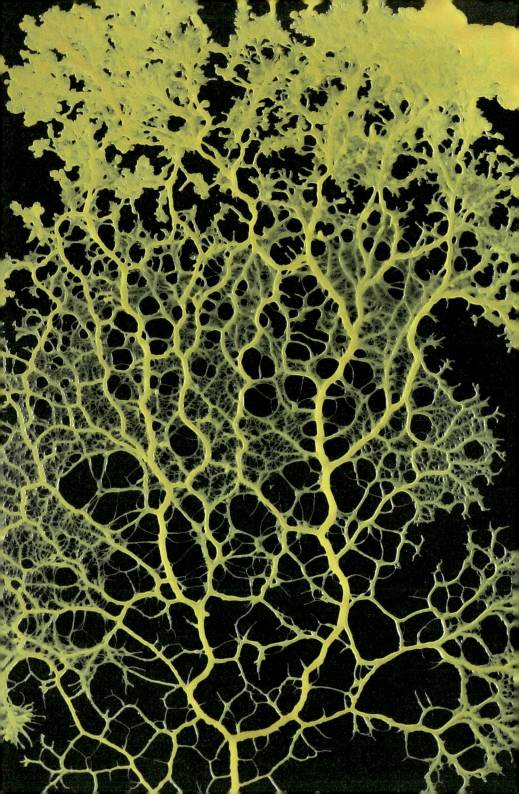

変形菌

　変形菌は不思議な生物だ。子実体という時期には胞子を出す器官をつくり、変形体とよばれる時期にはアメーバ状に体を変形させて、微生物などの食べ物をさがす。植物と動物の性質をあわせ持つ生き物だ。写真は、モジホコリという変形菌の変形体が、ガラス容器の内側にアメーバ状に広がっていくところだ。このときは1時間で10cmほど移動し、容器を這い上がっていった。

　その生活形態から、ふつうは目にすることのない生物に思われがちだけれど、森などに行くと湿った朽ち木の表面によく見かける。また以前、庭に置いてあった柿の木の朽ち木に、オオムラサキホコリという変形菌の子実体がついていたことがあった。以外に身近なところで見つかることもある。変形体を見つけたら、時間をおいて撮影してみると動きがわかるかもしれない。

モジホコリの変形体
ガラス容器の内側を広がるところを撮影。
一眼レフデジタルカメラ、100mmマクロ、ストロボ使用。

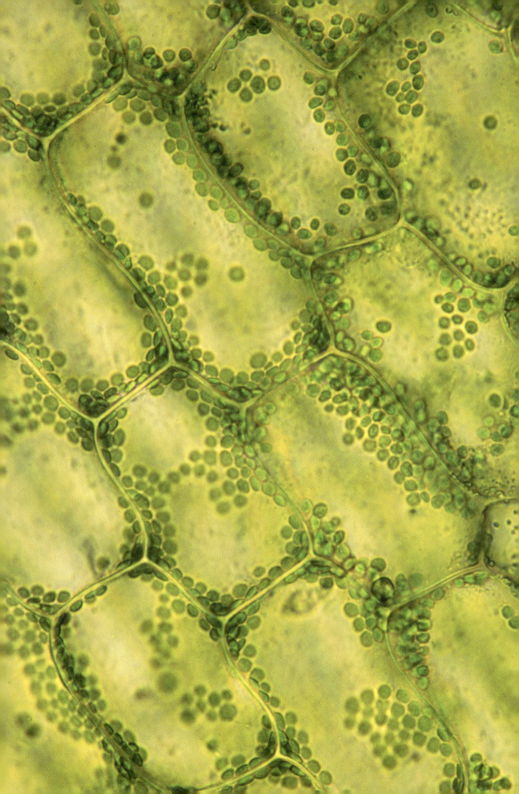

葉緑体

　写真はオオカナダモの葉をスライドガラスの上に乗せて顕微鏡で撮影したものだ。四角い細胞の中に緑色の葉緑体の粒が見える。葉緑体の中に含まれる葉緑素は、日光が当たると光合成ででんぷんをつくる。でんぷんの元になる材料は水分と水中に溶けている二酸化炭素だ。このとき酸素も同時に生成され、水中に放出される。葉緑体はどの種類の植物でも観察できるけれど、粒の大きさなどで見やすさに違いがある。オオカナダモは葉緑体の粒が大きく、葉がとても薄く、試料をつくるための特別な作業をしなくてもよいので、観察にはとても適している。

　動物は自分で栄養をつくれないため、生きるための栄養は元をたどれば、この葉緑体でできる養分から得ていることになる。さまざまな生物の命を支えている、いろいろな植物の葉緑体を観察してみるのも面白い。

オオカナダモの葉緑体
顕微鏡、透過光、倍率100倍

ウミホタル

　体内に発光物質を持つウミホタルは甲殻類でカラを持ち、死んでも形を保つことができる。乾燥状態で保存すると、発光物質の反応性が失われず、水を加えるとすぐに青白い光を放ち、数分間は光っている。写真は体内に残っていた発光物質が光っているようすを撮影した。生体では、刺激が加わると発光物質を体外に放出し、それが発光しながら水中を漂う。

　発光の仕組みはL-L反応とよばれ、ルシフェリンというタンパク質とルシフェラーゼという酵素が反応して光を出す。生物発光で発する色は青系統の色が多く、その光は神秘的な感じがするのはなぜなのだろうか。

発光する乾燥ウミホタル
乾燥ウミホタルに水をかけて撮影。一眼レフデジタルカメラ、65mmマクロ、
シャッタースピード25秒、倍率約2.5倍

　月食は、太陽の光が地球に遮られてできる影の中に月が入ることで起こる。満月のときに起こり、月が公転の動きで影を通り過ぎる。満月の夜に煌々と明るかった月が次第に暗い赤銅色になっていくのは不思議な光影だ。地球の大気を通った光が屈折して影の部分にまで回りこむために起きる現象だ。大気を通るときに光が夕焼けのように赤味を帯びるからだ。

皆既月食

　月食は、日食と異なり満月が見えればどこでも観察できるので、見るチャンスは多い。月食は暗く見えるけれど、コンパクトデジカメでも感度を上げれば写せる。三脚などに固定して月食中の月を写してみてはどうだろうか。

皆既月食（2011年12月10日）
口径65mm屈折望遠鏡、赤道儀追尾、一眼レフデジタルカメラ。右から左へ約3時間経過。5枚の写真を1枚に並べた。

　皆既日食は太陽と地球の間に月が入り、太陽の光が月に遮られる現象だ。太陽と月が完全に重なると皆既日食になり、一部だけ重なると部分日食になる。重なっている間、太陽は真黒になり、そのまわりにコロナが見えるようになる。皆既日食が観測できる地域は狭く帯状のため(皆既帯)、写真は、南太平洋の皆既帯まで大形船に乗船して移動し、船上で撮影したものだ。

　日食の初めから終わりまでは約3時間で、約10分おきに撮影した写真を1枚に並べた(左下から右上に)。皆既の状態でコロナが見えている時間はこのと

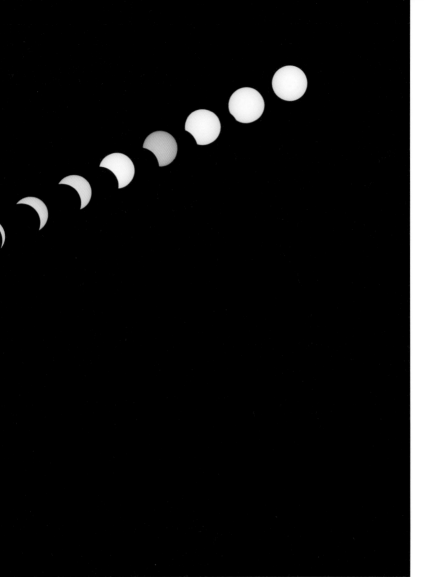

きは、約6分ほどだ。日中に太陽が黒くなり、その周辺にコロナの光が見え始めると、気温が下がり始め、一種異様な味わったことのない体験だ。地球が月、太陽とともに宇宙の空間にあることを感じる瞬間だ。皆既日食は1〜2年に1度起きるけれど、皆既帯が海上にあることも多く、観測できるチャンスが限られる。次に日本国内で皆既日食が観測できるのは2035年だ。

皆既日食(2009年7月22日)
北硫黄島近海、パシフィックヴィーナス号船上にて撮影。口径65cm屈折望遠鏡、一眼レフデジタルカメラ。

光

発光バクテリア

　ヤリイカを鮮魚店で購入し、洗わずにそのまま放置した。1
日ほど経つと、暗闇で青白くボーッと光っているのがわかっ
た。カメラを三脚に固定し、シャッタースピードを長くして
撮影すると、ヤリイカの表面が青白い色で光っているのがは
っきりと映し出された。光を出しているのはヤリイカ自体で
はなく、体表についていた海水中の発光バクテリアだ。発光
バクテリアは、主に沿岸部の海水中に広く棲息し、捕獲され
たときに体についていたものが増殖すると、肉眼でもわかる
ほどに発光するようになる。発光はルシフェリン（タンパク
質）とルシフェラーゼ（酵素）の反応で起こりL－L反応とも
よばれ、ウミホタルなどと同様の発光機構だ。強い光ではな
いので、見えにくいときは直視せずに視野の周辺で見るとわ
かりやすい。発光する理由には未解明な部分が多く、興味が
尽きない。

ヤリイカの発光 (発光バクテリアによる)
一眼レフカメラ、フィルムで撮影。50mm、シャッタースピード4分、増感現像。
明るく光る時は、短時間で撮影できる。

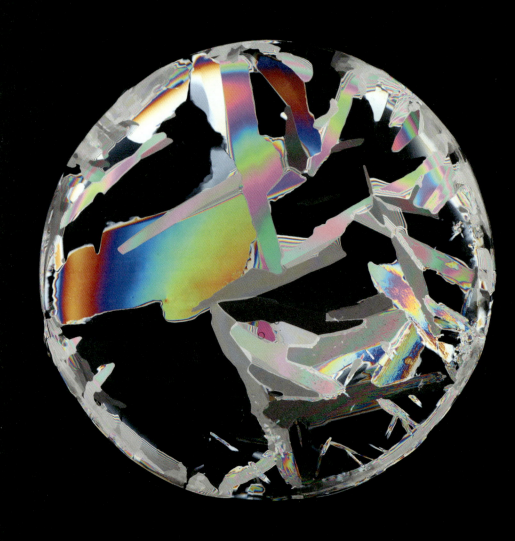

薄氷の色

　カップ麺の断熱容器に水を入れ、冷凍庫の中で冷やして薄氷が張ったころ取り出し、氷を割らないようにして偏光板の上に乗せる。下から照明を当て、カメラのレンズの前に偏光フィルターをつけて氷を見ると、写真のように無色の氷に鮮やかな色彩が観察できる。

　このように偏光板の間に入れると色彩が生ずるのは、氷に複屈折性（ふくくっせつせい）という光学的な性質があるためだ。ふつうの氷は結晶ではないと思いがちだが、氷もたくさんの結晶が集まった多結晶とよばれる状態だ。多くの結晶は複屈折性を持ちその差異が、偏光板の間に入れると色の差となってあらわれ、結晶の成長などのようすがわかりやすく観察できる。この手法は、南極の氷床コアとよばれる、雪や氷の堆積層のようすを研究する方法にも使われている。

偏光板による薄氷の干渉色
ライトボックスの上に偏光板を乗せ、その上に薄氷を置く。
カメラのレンズには偏光フィルターを装着。一眼レフデジタルカメラ、100mmマクロ。

　スマートホン、テレビ、パソコンなど、さまざまな電子機器の表示部には液晶モニターが数多く使われている。写真は小型の液晶テレビの画素を拡大したものだ。画素は赤、緑、青の3色で構成され、この色は「光の3原色」とよばれている。

　3色の混合によって多様な色を表現でき、例えば赤と緑だけを点灯すれば黄色に、同様に赤と青ではマゼンタに、緑と青ではシアンになる。そして3色を適切な明るさで混ぜると白になる。この3色の明るさをそれぞれ変えて組み合わせると、多彩な色をつくることができる。現在、色の明るさを256

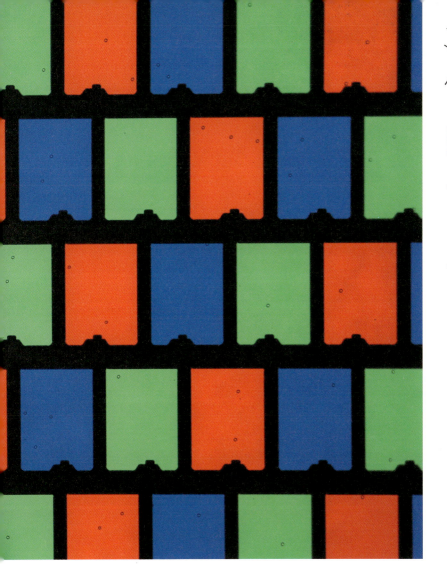

液晶モニター

段階に変化させることがよく行われている。この場合、3色の明るさの組み合わせは256×256×256=16,777,216通りで、たった3色の組み合せで約1700万色の表示ができるようになる。いろいろな表示素子の中でもテレビは画素が大きく見やすいので、虫めがねやコンパクトデジカメの接写機能で拡大してみると、色の表示の仕組みがわかり、とても興味深い。

液晶モニターの画素
小型液晶モニターの偏光板を外して、画素を直接撮影。顕微鏡、一眼レフデジタルカメラボディー、倍率25倍。

リーフ写真

　ヴァイオリンの写真を白黒のネガ状のシートにして、バラ
の葉に貼った。数時間直射日光に当てた後、葉の緑色を取り
去る処理をして白くし、薄いヨウ素液につけた。ヨウ素液は
でんぷんに合うと青紫色になる性質がある。白くなった葉は
ヨウ素液の中で色を変え、やがてヴァイオリンの像が浮かび
上がってきた。白黒ネガの透明の部分は光がよく通り、その
部分の葉にでんぷんができるので色が変わるからだ。

　白黒写真の時代に、赤い安全光のついた暗室で印画紙現像
をしていたときのことを思い出す瞬間だ。現像液の中で、ゆ
っくりと像が出てくるときの面白さと同じだ。画像をモニタ
ーで見るだけということも多くなったけれど、自然の仕組み
を利用し1枚だけの写真をつくるのも楽しい。

光合成を利用した写真プリント
葉を印画紙として使い、ネガ状のシートを貼って日光を当てる。
光合成によるでんぷんの量の差が像をつくる。

色のついた影

　影の色はふつう黒い。昼間外に出たときの建物や木などの影は濃さに差はあっても、特別の色はついていない。ところが、この写真の影には色がついている。それも、方向によって色が異なる影だ。

　このような色のついた影ができるのは、光の当て方による。撮影では3色の発光ダイオード（光の3原色の赤、緑、青）を物の正面に約15cmの間隔で横に並べた。このようにすると、赤い光が物に遮られる方向では緑と青が重なり影の色がシアンに、同様に緑の影の方向ではマゼンタ、青色の影の方向では黄色になる。影に色がつくだけでも面白いけれど、その色が当てた光にはない色になっている。人の視覚の仕組みを考えるきっかけにもなる興味深い現象であると思う。

光の3原色の光源がつくる影
一眼レフデジタルカメラ、50mmマクロ。

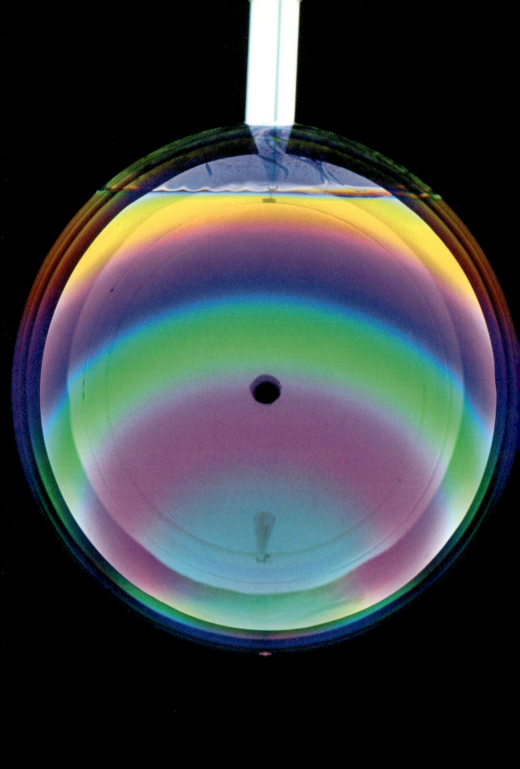

シャボン玉

　シャボン玉は、膨らむにつれて表面の色が刻々と変わり、やがてまだらな灰色になったと思うと、割れてしまう。身近なものの中でも、このように鮮やかな色の変化が起きるものは、少ないのではと思う。色は、薄い膜に光が当たったときに光の干渉という性質によって生ずるものだ。この色をシャボン玉全面にわたってよく見るには、まわりを白い物で囲むとよい。このため大きな発泡スチロール球の中で膨らませて撮影した。このようにすると、干渉色を全面に見ることができ、またスチロール球の内部は気流が安定しているので、色の変化が帯状にきれいに並ぶ。真ん中に見える黒い部分は撮影のためにあけた穴が写り込んだものだ。

　シャボン玉は身近にあってだれもが遊んだことのあるものだけれど、その色彩は科学現象としてさまざまな要素を含み、科学の世界への入門素材として、とても優れたものであると思う。

シャボン玉の干渉色
一眼レフデジタルカメラ、100mmマクロ、ストロボ使用。
黒い穴は撮影のためにスチロール球に開けた部分。

スペクトル

　ハロゲンランプの光を三角プリズムで虹の七色のスペクトルに分け、その光の中に2つのレンズを置いた。このレンズは凸レンズを輪切りにした形をしていて、光の進み方を説明する時に使うものだ。プリズムから出た光はレンズで反射や屈折をして、光が複雑に重なり、予期していなかった多彩な色が生じた。レンズの置き方をわずかに変えるだけで、斜め右上に伸びる光の筋の色も大きく変化する。ハロゲンランプの少し黄色味を帯びた光の中に、このような多彩な色の元となる光が含まれていることに驚きを感じる。

ハロゲンランプのスペクトル
一眼レフデジタルカメラ、50mmマクロ。カメラをコピースタンドに固定。

5

身近

なもの

紙やすりの宝石

　紙やすりは物の表面を滑（なめ）らかにするときに使う。荒いものから細かいものまで、たくさんの種類がそろっているけれど、写真は比較的荒い粒の紙やすりの表面を写したものだ。茶色いガラス質のものが研磨材のガーネットだ。紙やすりは金属なども削るので、研磨材は金属よりも硬くなくてはいけない。金属を超える硬さを持つものは鉱物だ。例えばダイヤモンドはすべての物の中で一番硬く、サファイヤ、ルビー、ガーネット、石英なども、ほとんどの金属よりも硬い。

　紙やすりに使うガーネットは天然や人工のものが使われている。身近な紙やすりに宝石にもなる鉱物が使われているのは意外だけれど、ガラスなどの研磨剤、ガラス切り、腕時計の軸受け、水晶振動子、レコード針など、鉱物は身近な工業製品などを支えている大切な素材だ。

紙やすりの表面の拡大（#40、天然ガーネット素材）
一眼レフデジタルカメラ、65mmマクロ、ストロボ使用、倍率約4.5倍。

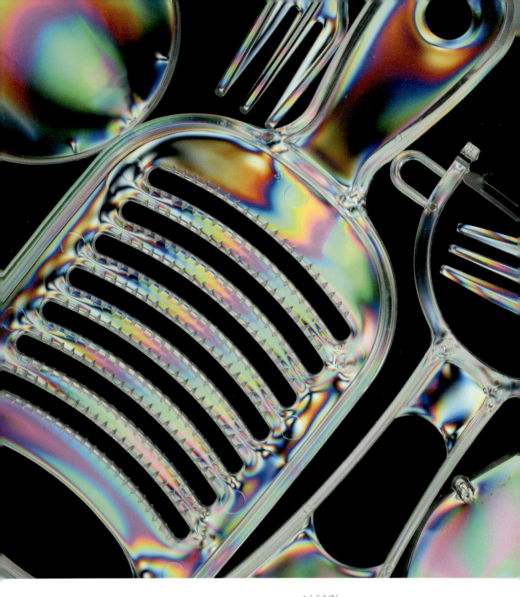

　プラスチックのケースやスプーンなどを2枚の偏光板の間に入れて、明るい光を当てて観察すると、写真のような鮮やかな色彩があらわれる。偏光板は、一般的な用途では偏光サングラスやカメラの偏光フィルターなどに使われ、物からの反射光を軽減するなどの目的で使われている。
　偏光板は1つの方向だけに振動する光を通す性質があり、2枚重ねて互いの角度を変えると光を通さなくなるところが見つかる。この状態で、プラスチック製のケースなどを間に入れると、鮮やかな色があらわれる。色が生ずる

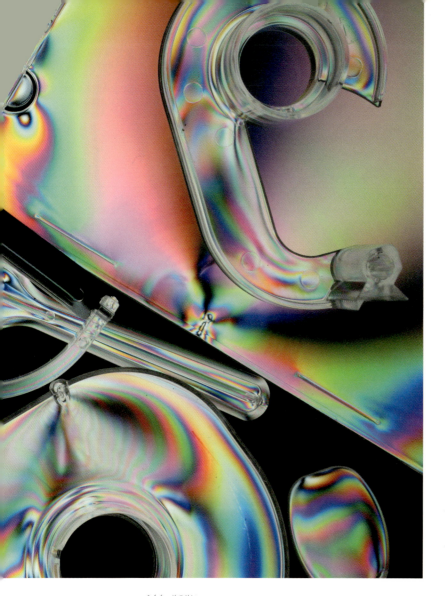

プラスチックの虹色

のは、ケースに複屈折性という光学的な性質があり、偏光板の間に入れると、この性質の差異が色の差となって見えるようになるためだ。透明で一様に見える物質の中の光学的な性質の差異を目に見えるようにする方法として、いろいろな分野に応用されている。

偏光板によるプラスチックの干渉色
一眼レフデジタルカメラ、50mmマクロ、偏光フィルターを装着。ライトボックス上で撮影。

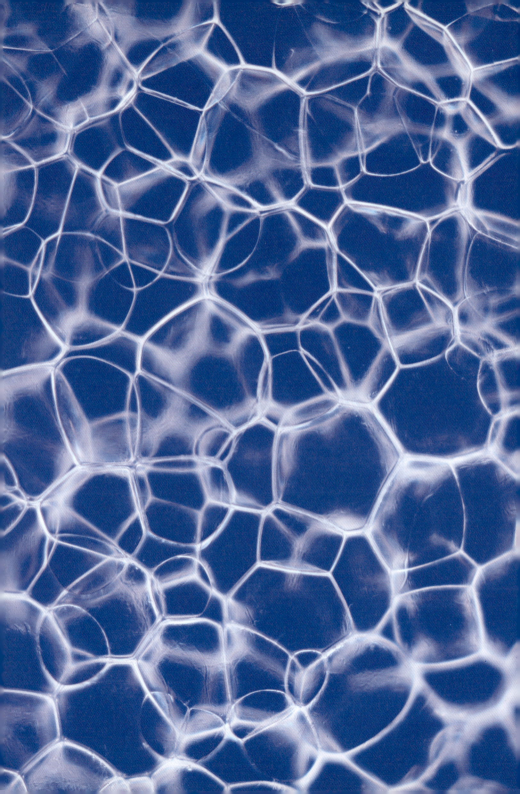

発泡スチロール

　発泡スチロールは、保温容器や梱包材としてよく使われている身近な素材だ。ポリスチレン樹脂を名前の通り発泡させてつくるため、ほとんどが気体でできていてとても軽い。カッターで向こうが透けて見えるほどに薄く切り顕微鏡で拡大すると、まさに泡のような構造になっていることがわかる。

　発泡スチロールの表面をそのまま虫めがねで見てみると、ハチの巣状の形が見えるけれど、写真はその中にあるさらに小さな泡状のつくりだ。発泡した気体は泡状の小さな部屋にとじ込められているので、対流による熱の移動が起こりにくい。また、外からの力を縮むときに吸収する。高い断熱性と衝撃吸収力は、この泡の構造によるものだ。

発泡スチロールの断面
顕微鏡、ラインベルグ照明（背景の青）、倍率50倍。

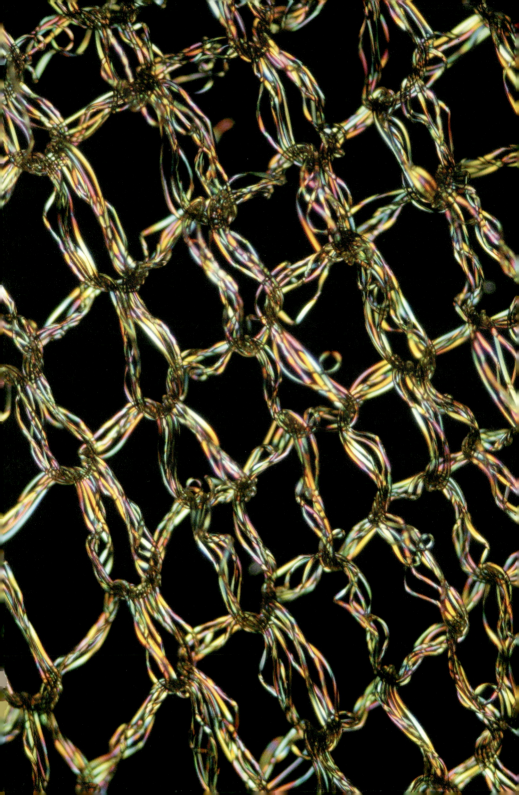

ストッキング

　いろいろな繊維を虫めがねなどで拡大するのは面白い。細い繊維が縄のように見え、格子状などにしっかり編まれている。ふつうの布は引っぱってもほとんど伸びたりはしない。しっかりと繊維が組みあわさっているからだ。それではストッキングのように伸び縮みが大きいものはどのようになっているのだろうか。写真はストッキングを少し引っぱって伸ばし、偏光顕微鏡で拡大したものだ。伸び縮みできるように繊維間にすき間があり、伸縮性が生まれる。コンパクトデジカメの中には、虫めがねのように拡大して写すことができるものもある。いろいろな布を拡大してみると、織り方がさまざまで興味深い。

ストッキングの繊維
偏光顕微鏡、一眼レフデジタルカメラボディー、倍率12.5倍。

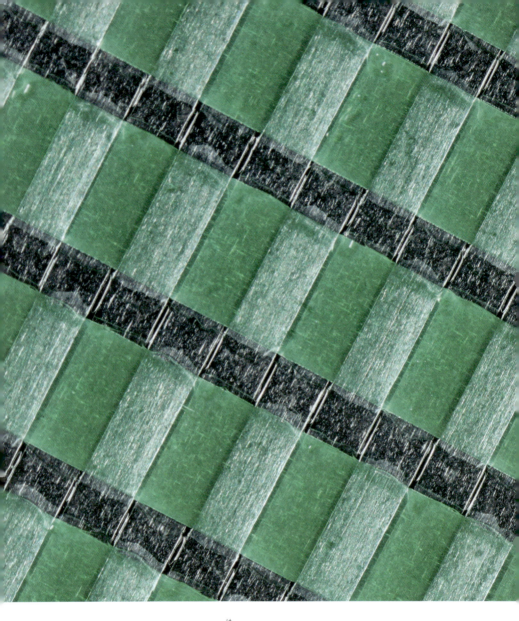

養生テープは程よい粘着力で、剥がした後も粘着剤が残りにくく、仮止めの作業などにとても便利だ。半透明なので透かして見ると構造がありそうなので拡大撮影すると、写真のような規則的なつくりがあった。粘着剤は全面についているのではなく、タイル状に交互に並んでいる。接着面積は半分になるけれど、粘着剤のある部分の接着力は変わらない。使いやすさの秘密はここにあるのだろう。

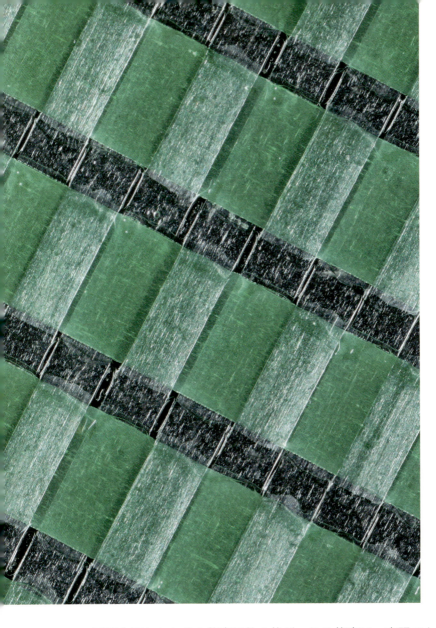

養生テープ

　この写真を写したときの倍率は約4倍だ。この倍率は、肉眼でも仕組みが少し見えるけれど、細かいところまでは見えないという、虫めがねで拡大して見るにはちょうどよい大きさだ。身の回りでちょっと気になるものに虫めがねを向けてみると、びっくりするような仕組みが見つかるかもしれない。

養生テープの粘着面
一眼レフデジタルカメラ、65mmマクロ、ストロボ使用、倍率約4倍。

集まる色素

　プラチックコップに黄色い食紅を溶かした水を入れ、断熱材で包み冷凍庫でゆっくりと凍らせる。黄色い水は外側から凍り、次第に中まで凍っていく。このとき、溶かした黄色い食紅を排除しながら凍り、写真のように次第に中心部に色水が集まっていく。

　氷は水が結晶化したものだから、不純物を排除しながら結晶になろうとする。そのため、氷にとっては不純物の食紅が取り残されて、真ん中に集まっている状態だ。北極海の氷も十分時間が経って中まで完全に凍ると、なめても塩辛くないという。これも凍るときに塩分を外に出しながら凍るためだ。このような原理は物質の純度を上げる方法として利用されている。

分離した色水と氷
一眼レフデジタルカメラ、100mmマクロ、ストロボ使用。
断熱材で包み、冷凍庫で約9時間冷却。透明な部分は氷で、黄色い部分はまだ液体のまま。

110 | 111

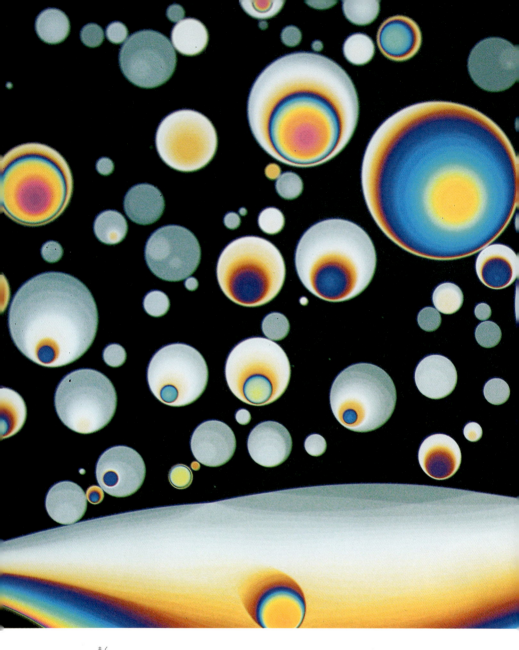

　セッケン膜を4mm四方ほどの小さな穴に張って顕微鏡で観察すると、写真のような造形と鮮やかな色彩があらわれる。色は光が波の性質を持つことで生じ、もともと照明の光の中に含まれていた色が、主に膜の厚さに応じて干渉してあらわれる。黒く見えている部分は膜がとても薄い部分だ。膜が割れてしまうまでの2〜3分の間、円板状の部分は黒い膜の中を流動し、刻々と模

セッケン膜

様が変化していく。膜を作るたびに違った干渉の模様があらわれて、興味が尽きない。とても小さな部分を拡大しているけれど、顕微鏡をのぞいていると、まるで宇宙の風景のように感じるときもある。

セッケン膜の干渉色模様
顕微鏡、一眼レフデジタルカメラボディー、落射照明、倍率25倍。

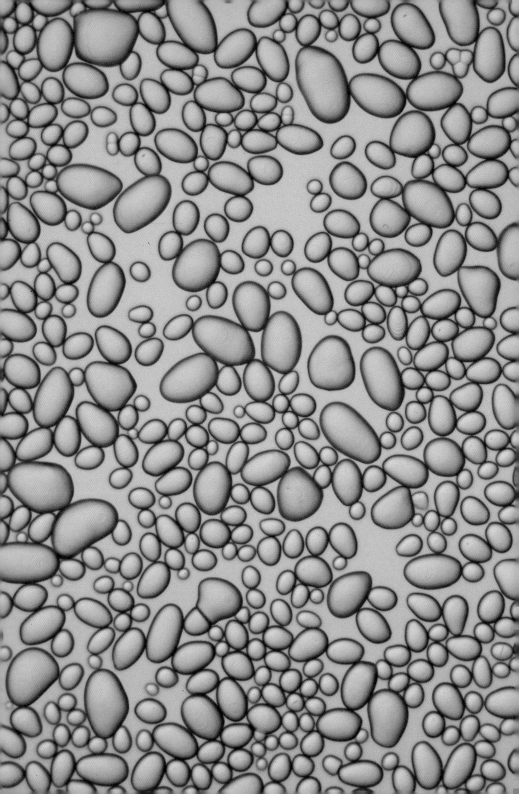

でんぷん

　でんぷんは三大栄養素の1つで、私たちが生きていく上で大切な養分だ。ご飯、パンなどの主食とよばれるものに多く含まれている。ジャガイモも多く含み、おろし金ですりおろし、ガーゼで包んで水の中でさらしてしぼると、でんぷんを含んだ白い液ができる。放置すると、容器の底に白いでんぷんがたまる。

　写真はジャガイモのでんぷんを顕微鏡で撮影したもので、粒が大きくて観察しやすい。大きさや形は含まれる植物によって異なるので、サツマイモ、トウモロコシ、イネ、小麦などのでんぷんを顕微鏡で観察してみると、その違いがわかり、とても興味深い。

ジャガイモでんぷん
顕微鏡、一眼レフデジタルカメラボディー、倍率50倍。

CDの虹

　撮影の題材はふとしたときに見つかることがある。CDの同心円状の干渉色の模様も、ペンライトでテーブルの上に置いてあったディスクを照らしていたときに、気づいた現象だ。ふつうは、CDに斜めから光が当たって、何本かの虹色のすじが見えるけれど、このときは光を真正面から当て、目もライトのすぐ後ろにあった。そこで、CDの中央に小さなロウソクを立てて真上から見ると、虹色の帯はきれいな同心円状になった。写真はCDを縦にして、ロウソクの炎とCD中心を一直線上に合わせて撮影した。CDにはデータ記録のためのトラックが1mmあたり600本もある。このような微細で規則正しい構造に光が当たると、光は波の性質を持つため回折という現象を起こし、回折した光が干渉して虹色が生まれる。トラックの微細な構造は肉眼では見えないが、この虹色の帯がその構造を示しているともいえる。CDの虹色は、現代の微細加工の技術と、光が波である性質から生まれた色彩といえるだろう。

CDの干渉色
一眼レフデジタルカメラ、50mmマクロ、三脚使用。
CDのトラックの拡大写真は、p.28を参照。

　ビタミンCの粉末を水で溶かし、スライドガラスの上で水分を蒸発させて結晶化させる。無色の結晶なので、そのままでは結晶の形がわかりにくいが、偏光顕微鏡で観察すると鮮やかな色彩があらわれ、結晶内の光学的な性質の差異が色彩の違いとなって見えるようになる。特に結晶化が始まるころは、なにもないところに小さな結晶があらわれ、まるで生き物のように見ている間に成長していく。小学生のころ、顕微鏡でいろいろな物を観察していたとき、偶然水に溶かした薬品の結晶が成長していくようすを見つけた。手のひらに

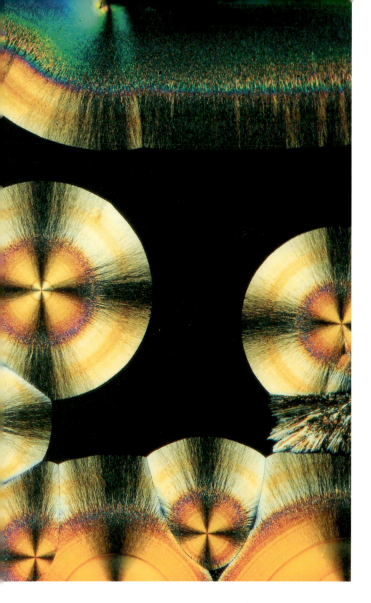

ビタミンC

乗るような小さな顕微鏡で、偏光顕微鏡ではないから結晶は透明に見えていたけれど、生き物のように動いていくようすは、まだ実風景として思い出すことができる。今も結晶を撮り続けているのも、そのときの感動があったからなのかもしれない。

ビタミンCの結晶
偏光顕微鏡、一眼レフデジタルカメラボディー、倍率50倍。

あとがき

伊知地国夫

　小学生のころ、父親に小さな顕微鏡を買ってもらいました。手の平に乗るほどの顕微鏡でしたが、ミクロの素晴らしい世界を教えてくれました。メダカの卵の血管の中を血液が流れるようすや、水に溶かした薬品の針状結晶がまるで生き物のように伸びていくのが見えたのです。その時の状況は今でも実映像として思い出すことができるほどです。顕微鏡で観察する楽しさをはじめて教えてくれたのは、この小さな顕微鏡でした。

　そのころ家には小さな暗室がありました。大学生の姉がサークル活動で写真部に入っていたため、白黒写真の焼き付けを行う暗室でした。2人入れば身動きができないような狭い暗室で、現像液中の印画紙にあらわれてくる白黒の像を見て、程よいコントラストになったときに停止液、定着液へと移す手伝いをしていました。そのようなこともあって、科学と写真はいつも身近にあり、それは特別なことではありませんでした。

　大学生のころ科学写真を撮り始めましたが、そのきっかけの一つは、大型の顕微鏡で見たプランクトンの鮮明な像でした。このような像を写真に撮ってみたいと思ったのです。その後、瞬間、マクロ、光学を中心とした物理現象、植物、天体、高速度撮影など様々な分野に撮影を広げていきました。科学写真といっても、大規模な装置や特殊な素材を使うわけではありません。ほとんどが

家などにある身近な材料です。それは、子どものころから家にあるものを使っていろいろな実験をしていたからかもしれません。

　身近な、いつも見なれている現象でも、観察方法にすこし工夫を加えると、普段見えなかったものが見えてきます。拡大したり、暗い光を写したり、また瞬間的な形や、時間をかけて変化する形をとらえてみると、身近なところに様々な自然の姿が隠れているのがわかります。ほとんどの撮影は試行錯誤から始まりますが、撮影の条件がわかってくると、安定して撮れるように器具を作ったり、照明に工夫をして、少しずついい条件に近づけます。そして、思うようなカットが撮れたときは本当にうれしいものです。

　科学の視点が入りつつ、一枚の絵としても見ることができるような科学写真が撮りたいという思いがあります。そのような意識で少しずつ撮影をしていた写真を、今回ビジュアル科学図鑑としてまとめていただけることになりました。自分が撮影しているときに感じた自然現象の不思議さ・面白さが、少しでも伝わってくれればと思います。また、写真を通して、身近にある科学現象に興味を持っていただければ、とてもうれしく思います。

　最後に、東京堂出版の酒井香奈さんには大変お世話になりました。御礼申し上げます。

カテゴリー別索引

物理・化学

毛管現象	012
放物運動	024
ペンジュラム	026
記録された音	028
水面上の水滴	030
モアレ	032
煙	036
ミルクの形	038
割れる瞬間	040
散水ノズル	042
シャワー	044
丸い炎	046
火花	048
水の形	050
蛇口の水滴	052
跳ねる水	054

赤インクの結晶	014
過飽和水溶液	016
冷凍庫の霜	018
ドライアイス	020
ガスバーナー	056
薄氷の色	086
リーフ写真	090
集まる色素	110
ビタミンC	118

天体

皆既月食	078
皆既日食	080

顕微鏡・マクロ

集積回路	022
鱗粉模様	060
おしべと花粉	062
葉脈	064
液晶モニター	088
紙やすりの宝石	100
発泡スチロール	104
ストッキング	106
養生テープ	108

光学

色のついた影	092
シャボン玉	094
スペクトル	096
プラスチックの虹色	102
セッケン膜	112
CDの虹	116

生物

白カビ	066
昆虫の複眼	068
ミドリムシ	070
変形菌	072
葉緑体	074
ウミホタル	076
発光バクテリア	084
でんぷん	114

著者略歴

伊知地国夫（いちじくにお）

1950年東京生まれ．科学写真家．学習院大学大学院自然科学研究科修士課程修了，物理学専攻．中・高教諭などを経て，伊知地国夫科学写真工房を開設．さまざまな自然科学現象の撮影を行っている．日本自然科学写真協会（SSP）副会長．学習院大学・順天堂大学非常勤講師．
著書に『びっくり，ふしぎ　写真で科学』1〜6（共著，大月書店），『Focus in the Dark 科学写真を撮る』（岩波書店），『おどろきの瞬間!?大図鑑』（監修，PHP）などがある．

美しい科学の世界
ビジュアル科学図鑑

2017年9月20日 初版印刷
2017年9月30日 初版発行

写真・文　　伊知地国夫

発行者　　大橋信夫

発行所　　株式会社 東京堂出版
　　　　　　〒101-0051
　　　　　　東京都千代田区神田神保町1－17
　　　　　　TEL 03-3233-3741
　　　　　　振替 00130-7-270
　　　　　　http://www.tokyodoshuppan.com/

デザイン　　黒岩二三 [Fomalhaut]

印刷・製本　　中央精版印刷株式会社

©Kunio Ichiji 2017, Printed in Japan
ISBN978-4-490-20969-3　C0040

東京堂出版 好評発売中

(定価は本体＋税となります)

数学マジック事典〈改訂版〉

上野富美夫 編　A5判　216頁　本体1,900円

数学を使ったマジックが満載。楽しみながら、数学の面白さに興味が持てる。
ロングセラーの改訂版。

数学パズル事典〈改訂版〉

上野富美夫 編　A5判　216頁　本体1,900円

数学パズルの主要問題を分類して掲載・解説。
発想力や思考力を鍛えるのにも最適。ロングセラーの改訂版。

はれるんの お天気教室

岩槻秀明 著・**堀江 譲** 絵・**日本気象予報士会** 監修
A5判　128頁　本体1,300円

気象庁マスコットキャラクター「はれるん」が空の観察や天気のことわざなど、
お天気の基本知識を教えます。小学校高学年対象。

はれるんの ぼうさい教室

堀江 譲 著・**日本気象予報士会** 監修
A5判　112頁　本体1,300円

自然災害が起きた時や天気の状態が危ない時にどう行動すればいい？
自分で自分を守って安全に行動できるように教えます。小学校低学年〜。

家族で学ぶ 地震防災 はじめの一歩

大木聖子 著　A5判　152頁　本体1,500円

地震の時に子どもの命を守る防災の本。ストーリー仕立てで、
家の中、学校、通学路などの場面ですぐに実践できる知識と行動を学べます。